Saison de 1867

ONTREXÉVILLE

(VOSGES)

SOURCE DU PAVILLON

Guide gratuit

JANV.	FÉV.	MARS.	AVRIL	MAI.	JUIN.	JUIL.	AOUT.	SEPT.	OCTO.	NOV.	DÉC.
1 Mar.	1 Ven.	1 Ven.	1 Lun.	1 Mer.	1 Sam.	1 Lun.	1 Jeu.	1 Dim.	1 Mar.	1 Ven.	1 Dim.
2 Mer.	2 Sam.	2 Sam.	2 Mar.	2 Jeu.	2 Dim.	2 Mar.	2 Ven.	2 Lun.	2 Mer.	2 Sam.	2 Lun.
3 Jeud.	3 Dim.	3 Dim.	3 Mer.	3 Ven.	3 Lun.	3 Mer.	3 Sam.	3 Mar.	3 Jeu.	3 Dim.	3 Mar.
4 Ven.	4 Lun.	4 Lun.	4 Jeu.	4 Sam.	4 Mar.	4 Jeu.	4 Dim.	4 Mer.	4 Ven.	4 Lun.	4 Mer.
5 Sam.	5 Mar.	5 Mar.	5 Ven.	5 Dim.	5 Mer.	5 Ven.	5 Lun.	5 Jeu.	5 Sam.	5 Mar.	5 Jeu.
6 Dim	6 Mer.	6 Mer.	6 Sam.	6 Lun.	6 Jeu.	6 Sam.	6 Mar.	6 Ven.	6 Dim	6 Mer.	6 Ven.
7 Lund.	7 Jeu.	7 Jeu.	7 Dim	7 Mar.	7 Ven.	7 Dim	7 Mer.	7 Sam.	7 Lun.	7 Jeu.	7 Sam.
8 Mar.	8 Ven.	8 Ven.	8 Lun.	8 Mer.	8 Sam.	8 Lun.	8 Jeu.	8 Dim	8 Mar.	8 Ven.	8 Dim
9 Mer.	9 Sam.	9 Sam.	9 Mar.	9 Jeu.	9 Dim	9 Mar.	9 Ven.	9 Lun.	9 Mer.	9 Sam.	9 Lun.
10 Jeu.	10 Dim	10 Dim	10 Mer.	10 Ven.	10 Lun.	10 Mer.	10 Sam.	10 Mar.	10 Jeu.	10 Dim	10 Mar.
11 Ven.	11 Lun.	11 Lun.	11 Jeu.	11 Sam.	11 Mar.	11 Jeu.	11 Dim	11 Mer.	11 Ven.	11 Lun.	11 Mer.
12 Sam.	12 Mar.	12 Mar.	12 Ven.	12 Dim	12 Mer.	12 Ven.	12 Lun.	12 Jeu.	12 Sam.	12 Mar.	12 Jeu.
13 Dim	13 Mer.	13 Mer.	13 Sam.	13 Lun.	13 Jeu.	13 Sam.	13 Mar.	13 Ven.	13 Dim	13 Mer.	13 Ven.
14 Lun.	14 Jeu.	14 Jeu.	14 Dim	14 Mar.	14 Ven.	14 Dim	14 Mer.	14 Sam.	14 Lun.	14 Jeu.	14 Sam.
15 Mar.	15 Ven.	15 Ven.	15 Lun.	15 Mer.	15 Sam	15 Lun.	15 Jeu.	15 Dim	15 Mar.	15 Ven.	15 Dim
16 Mer.	16 Sam.	16 Sam.	16 Mar.	16 Jeu.	16 Dim	16 Mar.	16 Ven.	16 Lun.	16 Mer.	16 Sam.	16 Lun.
17 Jeud.	17 Dim	17 Dim	17 Mer.	17 Ven.	17 Lun.	17 Mer.	17 Sam.	17 Mar.	17 Jeu.	17 Dim	17 Mar.
18 Ven.	18 Lun.	18 Lun.	18 Jeu.	18 Sam.	18 Mar.	18 Jeu.	18 Dim	18 Mer.	18 Ven.	18 Lun.	18 Mer.
19 Sam.	19 Mar.	19 Mar.	19 Ven.	19 Dim	19 Mer.	19 Ven.	19 Lun.	19 Jeu.	19 Sam.	19 Mar.	19 Jeu.
20 Dim	20 Mer.	20 Mer.	20 Sam.	20 Lun.	20 Jeu.	20 Sam.	20 Mar.	20 Ven.	20 Dim	20 Mer.	20 Ven.
21 Lun.	21 Jeu.	21 Jeu.	21 Dim	21 Mar.	21 Ven.	21 Dim	21 Mer.	21 Sam.	21 Lun.	21 Jeu.	21 Sam.
22 Mar.	22 Ven.	22 Ven.	22 Lun.	22 Mer.	22 Sam.	22 Lun.	22 Jeu.	22 Dim	22 Mar.	22 Ven.	22 Dim
23 Mer.	23 Sam.	23 Sam.	23 Mar.	23 Jeu.	23 Dim	23 Mar.	23 Ven.	23 Lun.	23 Mer.	23 Sam.	23 Lun.
24 Jeud.	24 Dim	24 Dim	24 Mer.	24 Ven.	24 Lun.	24 Mer.	24 Sam.	24 Mar.	24 Jeu.	24 Dim	24 Mar.
25 Ven.	25 Lun.	25 Lun.	25 Jeu.	25 Sam.	25 Mar.	25 Jeu.	25 Dim	25 Mer.	25 Ven.	25 Lun.	25 Mer.
26 Sam.	26 Mar.	26 Mar.	26 Ven.	26 Dim	26 Mer.	26 Ven.	26 Lun.	26 Jeu.	26 Sam.	26 Mar.	26 Ven.
27 Bim	27 Mer.	27 Mer.	27 Sam.	27 Lun.	27 Jeu.	27 Sam.	27 Mar.	27 Ven.	27 Dim	27 Mer.	27 Ven.
28 Lun.	28 Jeu.	28 Jeu.	28 Dim	28 Mar.	28 Ven.	28 Dim	28 Mer.	28 Sam.	28 Lun.	28 eu.	28 Sam.
29 Mar.	29	29 Ven.	29 Lun.	29 Mer.	29 Sam.	29 Lun.	29 Jeu.	29 Dim	29 Mar.	29 Ven	29 Dim
30 Mer.		30 Sam.	30 Mar.	30 Jeu.	30 Dim	30 Mar.	30 Ven.	30 Lun.	30 Mer.	30 Sam	30 Lun.
31 Jeud.		31 Dim		31 Ven.		31 Mer.	31 Sam.		31 Jeu.		31 Mar

Saison de 1867

CONTREXÉVILLE

(VOSGES)

SOURCE DU PAVILLON

GUIDE GRATUIT

ÉTABLISSEMENT HYDROMINÉRAL

DE

CONTREXÉVILLE

(VOSGES)

~~~

SOURCE DU PAVILLON

GUIDE GRATUIT

DE L'ÉTRANGER A CONTREXÉVILLE

Pour la Saison de

1867

MIRECOURT

TYPOGRAPHIE HUMBERT

Imprimeur de l'Établissement hydrominéral de Contrexéville

—

1867

SOCIÉTÉ

DES

EAUX MINÉRALES

DE

CONTREXÉVILLE

A responsabilité limitée, autorisée par décret Impérial

CAPITAL : UN MILLION

ADMINISTRATION ET SIÈGE DE LA SOCIÉTÉ

23, rue de la Michodière

A PARIS

Directeur-Gérant de l'Établissement hydrominéral

ÉMILE MERMET

EXTRAIT

DU

GUIDE PRATIQUE

AUX

EAUX MINÉRALES

Par le Dr Constantin JAMES

SIXIÈME ÉDITION, 1867.

Contrexéville doit toute sa célébrité à une seule et unique source, la source du Pavillon, qui vient d'être déclarée » d'utilité publique. » C'est sans doute cette sécurité pour l'avenir qui a engagé les nouveaux propriétaires à ne reculer devant aucune dépense pour la soumettre à un nouveau captage, et à élever sur son griffon un nouvel établissement tout à fait digne de sa haute valeur médicinale.

Le petit village qui ne se composait, hier encore, que de chétives masures, compte aujourd'hui plusieurs hôtels fort confortables, en tête desquels se trouve celui qui fait partie de l'établissement. Tout le pays lui-même a été, on peut le dire, transformé, grâce aux soins d'une municipalité active et éclairée. Enfin on vient de créer à Contrexéville une direction de poste et un bureau télégraphique.

L'eau de la source du Pavillon est une eau alcaline, légèrement ferrugineuse : température, 12° C. Sa saveur fraîche et un peu atramentaire laisse un arrière goût styptique. Exposée à l'air, cette eau conserve toute sa transparence : seulement sa surface se recouvre d'une pellicule irisée. Elle dépose dans le bassin qui la reçoit, ainsi que dans le canal d'écoulement, un enduit rougeâtre.

Analysée par M. O. Henry, elle a fourni, par litre, 2 gr. 871 de principes fixes. Ce sont surtout des sulfates et des carbonates à base de chaux, de soude, et de magnésie.

Qui dit « Contrexéville, » dit « gravelle. » C'est en effet le traitement de cette maladie qui constitue la spécialité de ces eaux. Voici comment on en fait usage.

On les boit, le premier jour, à la dose de deux ou trois verres, le matin à jeûn. Les jours suivants, on en augmente le nombre, qu'on porte insensiblement jusqu'à douze ou quinze verres ; quelques personnes vont à vingt et même trente, sans en être nullement fatiguées. Pendant les derniers jours, on doit en diminuer la dose, de manière à finir par cinq ou six verres. Arrivées dans les premières voies, ces eaux sont rapidement absorbées. Leur présence dans le système vasculaire se traduit par l'accélération du pouls, la fréquence de la respiration et l'activité plus grande de toutes les excrétions, spécialement des urines et des selles. Elles sont éminemment diurétiques : quelques heures suffisent, après leur ingestion, pour qu'elles soient élaborées par les reins et expulsées au dehors. Or, circonstance importante, on retrouve ensuite presque intacts, dans les urines, la plupart de leurs principes minéralisateurs.

Indépendamment de ces phénomènes d'élimination, les eaux de Contrexéville semblent exercer une action directe sur la matière lithique elle-même. M. le docteur Legrand du Saulle, qui manie ces eaux avec l'expérience et l'autorité que lui donne une pratique de plus de dix ans, m'a fait voir des graviers sortis par l'urèthre, sur lesquels on remarque des sillons irréguliers et des dépressions inégales, indiquant leur érosion. Mais qu'on n'aille pas en conclure que, si on arrive quelquefois à favoriser ainsi l'expulsion des graviers on parviendra de même à dissoudre des pierres dont le volume serait en disproportion notable avec le diamètre des voies naturelles. Qu'arrive-t-il en pareil cas ? L'eau minérale use la surface du calcul, en détache des parcelles, mais surtout elle s'attaque au mucus qui dissimulait ses aspérités : or, avant que le noyau même du calcul soit entamé, son écorce, si je puis m'exprimer ainsi, devient inégale et âpre, de manière à blesser la vessie et à provoquer d'assez vives souffrances. Ainsi, certains malades venus à Contrexéville sans se douter qu'ils eussent la pierre, en ont éprouvé, au bout de quelques jours, les premières atteintes. Ce ne sont pas les eaux qui la leur ont donnée ; elles ont seulement décélé son existence. Il faut alors en suspendre immédiatement l'usage ; comme l'espèce de roulement auquel le calcul serait soumis dans la vessie fatiguerait et irriterait l'organe, on ne saurait non plus recourir trop tôt au broiement chirurgical.

Les eaux de Contrexéville diffèrent de celles de Vichy par deux points essentiels. D'abord, elles conviennent à toute espèce de gravelle, et non, comme Vichy, à une seule, attendu que ces eaux agissent plutôt par une sorte d'irrigation répétée que par des combinaisons chimiques ; ensuite, loin de faire disparaître la pierre ou d'en masquer la présence, en revêtant sa surface d'un enduit soyeux, ainsi qu'on l'observe à Vichy, elles exaspèrent ses symptômes, souvent même en donnent le premier et utile éveil.

Contrexéville jouit d'une efficacité incontestable dans les affections catarrhales de la vessie, les engorgements de la prostate, certains rétrécissements de l'urèthre, et agit comme médication préventive de la pierre chez les personnes qui ont subi l'opération de la lithotritie.

La goutte, surtout la goutte atonique, est encore une des affections qui se trouvent le mieux de l'intervention de ces eaux. « Si quelqu'un, a dit l'un des anciens inspecteurs, pouvait douter de la consanguinité de la gravelle et de la goutte, il faudrait lui prescrire une saison d'observation à Contrexéville. Il ne tarderait pas à se convaincre que, d'une part, la goutte est presque toujours compliquée de gravelle ou alterne avec elle, et que, d'autre part, la gravelle est la crise la plus efficace de la goutte. Contrexéville s'enorgueillit à bon droit d'une phalange fidèle d'anciens habitués, dont quelques-uns font remonter à vingt ans les titres de leur confiance, et qui se proclament non pas soulagés mais guéris par ses bienfaisantes eaux. »

L'action de l'eau de Contrexéville sur l'intestin est laxative sans être débilitante. Presque tous les buveurs éprouvent de deux à six garde-robes. Du reste, ces évacuations ne diminuent en rien la quantité d'urine, qui paraît même quelquefois dépasser celle de la boisson. Il semblerait qu'une telle abondance d'eau minérale ingérée dans l'estomac dût fatiguer, et, comme on dit, *noyer* ce viscère : presque toujours, au contraire, l'appétit augmente notablement, et les digestions deviennent plus rapides et plus faciles.

Les bains et les douches n'avaient joué jusqu'à présent qu'un rôle secondaire à Contrexéville, faute probablement d'une installation convenable. Maintenant qu'ils ont été réorganisés sur une très-grande échelle avec tous les perfectionnements de l'hydrologie moderne, ils entrent au contraire pour une part très-grande dans le traitement. En même temps que les bains déterminent une détente générale, la douche dirigée sur les lombes imprime à la région des reins un léger ébranlement qui a pour effet de favoriser l'arrivée des graviers dans la vessie et par suite leur expulsion au dehors.

Un des grands avantages du traitement de Contrexéville, c'est qu'on puisse loger dans l'établissement même où l'on suit la cure. Les appartements ne manquent pas d'élégance et la table est irréprochable. Joignez à cela la proximité d'un parc magnifique que parcourent des eaux vives et qu'ombragent des arbres séculaires, lequel offre dans la journée des promenades faciles et sans fatigue. Quant à ceux qui préfèrent les grandes excursions, ils trouvent, dans l'hôtel même, des voitures et au besoin des omnibus de famille à leur disposition. Enfin, quand arrive le soir, les salons s'animent peu à peu, mais cette animation dépasse rarement ce qu'on est convenu d'appeler la « vie de château, » sauf les jours où quelque artiste en renom vient faire exhibition de ses talents, et les dimanches qui sont régulièrement consacrés aux bals et aux fêtes. C'est ainsi que les heures et les journées se passent plus vite peut-être qu'on n'avait osé l'espérer.

TRANSPORT. — *Source du pavillon.* — Depuis qu'on a introduit à Contrexéville le système d'embouteillage usité à Vichy, l'eau se conserve très-bien (1). Aussi son emploi s'est-il généralisé dans une proportion considérable, surtout de la part des personnes atteintes de maladies des voies urinaires.

(1) Pour éviter toute substitution et toute fraude de la part des débitants, s'assurer, avant de se servir de la bouteille, que l'étiquette apposée sur le verre et la capsule sur le bouchon, portent bien: *Source du pavillon.* Du reste, la compagnie de Contrexéville a établi à Paris, rue de la Michodière, 23, près le boulevard des Italiens, une maison de vente non-seulement de l'eau du Pavillon, mais de toutes les autres eaux minérales. Cette maison se charge également de donner toute espèce de renseignements aux malades qui se rendent à Contrexéville.

DE L'ÉPOQUE

à laquelle on doit venir à

CONTREXÉVILLE

« A quelle époque de l'année est-il préférable de se rendre aux eaux? Du temps de *Plutarque*, on préférait le printemps et l'automne, et, si nous en croyons *Tibulle*, les Romains renonçaient aux bains pendant les chaleurs caniculaires.

» La plupart des établissements thermaux ne sont ouverts que pendant trois ou quatre mois. Et cependant rien ne s'oppose, à la rigueur, à ce que les eaux soient prises indifféremment pendant toute l'année, puisque leur température, leurs propriétés et leur action thérapeutique sont immuables Toutefois, nous ne saurions nier qu'il convient mieux, sous beaucoup de rapports, de mettre à profit les beaux mois, c'est-à-dire ceux de juin, de juillet, d'août et de septembre, d'autant plus que , dans certaines contrées très-riches en établissements hydrominéraux, le climat laisse souvent à désirer. On croit généralement que le mois de juillet est préférable à tous les autres, et il en résulte dans quelques localités un encombrement très-regrettable. Les quartiers de bains sont littéralement assiégés. Heureusement nous n'en sommes pas là à Contrexéville, grâce aux nouveaux agrandissements et la bonne entente qui règne dans les différents services de l'Établissement.

» Si l'on se rend aux eaux pour sa santé, on doit faire bon marché des distractions et des plaisirs que les administrations thermales multiplient pendant les instants de foule, et profiter, au contraire, du calme salutaire que l'on y rencontre à ces deux époques de l'année.

Dr LEGRAND DU SAULLE.

(*Huit années à Contrexéville*, Brochure, 1865.)

———

Le docteur DURAND-FARDEL, dans ses Lettres médicales sur Vichy, dit que les deux époques les plus convenables pour suivre avec fruit le traitement des eaux sont depuis le 15 mai jusqu'à la fin de juin et depuis le 15 août jusqu'aux premiers jours d'octobre.

———

Le docteur ALQUIÉ, médecin inspecteur à Vichy, conseille de prendre les Eaux à partir du mois d'avril jusqu'à la fin de juin, et du 15 août aux premiers jours de novembre.

———

Le docteur E BARBIER dit aussi, dans son article sur la thérapeuthique thermale : Les mois de mai et de juin, ou bien la période de temps comprise entre les mois d'août et fin septembre, offrent les conditions les plus favorables au traitement hydrothermal.

DURÉE DU TRAITEMENT

« La cure à Contrexéville est de 21 jours. Cette durée ne peut pourtant pas être considérée comme absolue. On doit continuer à boire plus longtemps si l'état morbide se perpétue et tant qu'il subsiste. Du reste, la saturation se produisant toujours par une répulsion instinctive, on est assez averti de l'heure à laquelle la médication doit être abandonnée. Cette saturation survient le plus souvent entre le seizième et le vingtième jour.

» Il est de toute nécessité, selon nous, que les graveleux guéris ou non guéris, afin d'éviter le retour du mal et d'exciter le mieux, ne manquent pas une seule année d'aller faire une visite aux eaux dont ils se seront bien trouvés. »

Dr TREUILLE.

(Notice médicale sur Contrexéville.)

MODE D'ADMINISTRATION

« Les eaux de Contrexéville sont prescrites à la dose de trois ou quatre verres durant les premiers jours, et, les jours suivants ; selon une proportion progressive, on augmente la dose d'absorption, qui doit diminuer dans la même proportion ; pendant les derniers jours de traitement. »

Dr TREUILLE.

(*Loco citato.*)

« Les accessoires obligés du traitement consistent en bains, douches, injections et lavements. Jusqu'au jour de mon arrivée à Contrexéville, on a pris peu de bains. Je n'ai point à apprécier les motifs sur lesquels se sont fondés les confrères qui m'ont précédé ; je ne doute pas qu'ils soient acceptables. Mais, après un mûr examen de la question, je déclare que j'ai cru en conscience devoir réagir contre cette abstention. Très-grand partisan des bains dans la plupart des maladies qui conduisent à Contrexéville, je déclare que n'en point prendre régulièrement, c'est se priver d'un adjuvant de grande valeur. »

Dr LEGRAND DU SAULLE.

(*Loco citato.*)

« La douche appliquée au traitement de la gravelle jouit d'une efficacité réelle, incontestable ; elle fait rendre du sable en notable quantité à ceux qui se sont soumis à son action. Pendant ma saison de vingt et un jours à Contrexéville, je n'ai pris que deux bains et dix-huit douches. Les douches me faisaient et m'ont fait un bien infini. Je rendais après chaque douche, dans la nuit, des quantités fabuleuses de sable rouge, très-fin, très-délié. »

Dr A. MILLET.

(*Loco citato.*)

CONSERVATION ET MODE D'EMPLOI
DES
EAUX DE CONTREXÉVILLE
DE
LA SOURCE DU PAVILLON
TRANSPORTÉES

Les Eaux minérales de Contrexéville se conservent très-long-temps et ne perdent, par leur transport, aucune de leurs principales propriétés.

Des bouteilles analysées, après deux années de séjour dans la cave, n'avaient rien perdu de leurs vertus.

Leur conservation parfaite est due à leur nature et aux soins minutieux qui sont pris pour leur mise en bouteille ; on n'emploie que des bouteilles en verre noir parfaitement propres, lavées avec l'eau des sources, et des bouchons de première qualité ; les bou-teilles sont revêtues de capsules en étain, que l'on ne pose qu'après avoir goudronné préalablement le goulot de chaque bouteille.

Les Eaux transportées doivent être prises le matin à jeun, de manière à ce que le dernier verre soit bu une heure et demie au moins avant le repas. Cependant plusieurs personnes les ont prises pendant le repas avec le vin, et s'en sont parfaitement trouvées. Elles ne troublent pas le vin et ne lui donnent aucun goût désa-gréable, comme la plupart des eaux médicinales.

« Aux graveleux qui ont fait une saison à Contrexéville, je re-commanderai de faire, en octobre et en novembre de chaque an-née, une saison de quinze jours, en buvant chez eux, chaque ma-tin à jeun, une bouteille d'eau de Contrexéville. Ils n'auront qu'à se louer de ce complément du traitement.

« Que ceux qui se seront bien trouvés d'une première saison faite à Contrexéville ne négligent pas d'en aller faire une seconde et même une troisième. Leur guérison est souvent à ce prix. »

« C'est de l'ensemble de tous ces moyens que naîtra, sinon la guérison, toujours du moins une amélioration presque constante. »

Dr A. MILLET.

(*Loco citato.*)

GRAND HOTEL

DE

L'ÉTABLISSEMENT

Ouvert du 20 Mai au 15 Septembre

Six grands Bâtiments. situés entre deux magnifiques parcs, renfermant salons de conversation, de jeux, de lecture, de billard et de musique ; salles à manger de 200 couverts ;

104 chambres de maître avec grands cabinets de toilette ; de 2 fr. et au-dessus, grands et petits appartements avec salon, de 5 fr. et au-dessus ; chalet indépendant de l'hôtel ; 50 chambres de domestiques ;

Table d'hôte à dix heures et à six heures ; déjeûners et diners à la carte, dans les appartements ; Vins des 1rs crus de Bourgogne et de Bordeaux.

Boîte aux lettres ; bureau télégraphique, et bureau des messageries ; cabinet de consultation des médecins ; tir au pistolet, situé dans les dépendances de l'Hôtel de l'Etablissement. Magasins de toutes espèces. Ateliers de photographie.

Vastes remises et Ecuries. -- Voitures pour les malades.

Ce vaste Hôtel, entièrement restauré, offre aux étrangers un confortable qu'ils ne trouvent généralement pas dans la plupart des villes d'eaux.

On peut retenir d'avance des appartements, en s'adressant à M. Mermet, directeur-gérant de l'Etablissement de Contrexéville.

PROMENADES-EXCURSIONS

Contrexéville est entouré de plaines fertiles, de belles routes et de superbes forêts. Les personnes qui veulent faire quelques promenades à pied, trouveront à la porte du Parc de l'Etablissement les charmants côteaux de Bellevue, de la Glacière, et la grande avenue de Champ-Calot.

Les excursions hors de Contrexéville sont aussi nombreuses que variées, on peut citer en première ligne :

LE CHÊNE DES PARTISANS

(14 kilomètres)

Cet arbre gigantesque qui a 13 mètres de circonférence à sa base, 33 mètres de hauteur et 23 mètres d'envergure, se trouve sur les bords de la forêt de Saint-Ouën, près du village de la Vachieresse ; il domine de beaucoup tous les arbres de la forêt, de loin on le prendrait pour une vieille tour. Son tronc, quoique conique, n'est point caverneux, et, l'on ne voit pas une branche sèche sous son dôme immense.

C'était sous cet arbre que les partisans lorrains se réunissaient pendant le siége de La Mothe, pour aller piller les villages de la frontière française ou inquiéter les troupes ennemies.

Prix de la course aller et retour, en calèche : 20 fr.; en Breack : 30 fr.

RUINES DE LA MOTHE (Haute-Marne)

(25 kilomètres.)

Cette ancienne ville lorraine qui passait pour imprenable, fut prise en 1634 par le maréchal de Laforce; rendue au duc de Lorraine en 1641, elle fut reprise par le maréchal de Villeroi et complétement rasée en 1645. C'est au siége de 1634 que l'on fit pour la première fois usage de la bombe.

On trouve de nombreuses antiquités extraites de ses ruines chez les paysans des villages environnants et principalement des bombes et des boulets.

Prix de la course, aller et retour, en calèche : 20 fr.; en Breack : 30 fr.

BULGNÉVILLE

(5 kilomètres.)

Bulgnéville, charmante petite ville, célèbre par la bataille qui s'y livra en 1431 où René Ier, duc de Lorraine fut battu et fait prisonnier par le comte Antoine de Vaudémont et où périt le chevalier Barbesant « qu'estait bien valeureux, » dit la chronique.

Il existe à Bulgnéville, chez M. RENAULT, pépiniériste, d'intéressantes cultures de conifères indigènes et exotiques pour le boisement des friches et l'ornement des parcs : plusieurs millions de plants sont disponibles chaque année. Pendant la saison des eaux, des visiteurs se rendent à cet établissement en suivant une jolie route de cinq kilomètres, ombragée par les bois.

Prix de la course, aller et retour, en calèche : 12 fr.; en Breack : 16 fr.

BONNEVAL
(10 kilomètres.)

La gracieuse vallée de Bonneval renferme des ruines remarquables, celles d'un ancien prieuré détruit en 1794. Une partie du chœur de l'église avec une voûte en ogive, subsiste encore avec une tour et deux voûtes de caves.

Près de ces ruines se voient encore celles du Châtelet de Bonneval, les restes d'un ancien camp, et quelques fragments de pierre que l'on dit avoir servi de table à un dolmen.

Aller et retour, calèche : 20 fr.; breack : 30 fr.

CHÈVRE-ROCHE
(12 kilomètres)

L'Ermitage de Chèvre-Roche dans une charmante vallée, mérite aussi d'être visité; il est bâti sur un rocher, à 828 mètres au-dessus du niveau de la mer. Il est célèbre par le séjour qu'y fit le cardinal de Retz pendant son exil. Jolie chapelle d'architecture sarrazine, flanquée d'une tourelle bien conservée.

Prix de la course ; aller et retour, par Vittel, Thuillières, Relanges, en calèche: 30 fr.; en breack : 40 fr.

VIVIERS

A 7 kilomètres de Contrexéville se trouve la délicieuse vallée de Viviers; c'est une promenade charmante que de s'y rendre par Dombrot, Viviers, et de revenir par Marey, Lignéville et le Haut-de-Salin. De la montagne du Haut-de-Salin, le regard embrasse un immense horizon vers les montagnes des Vosges et du Jura. Les eaux qui en découlent vont se déverser d'un côté dans la Meuse et la Méditerranée et de l'autre dans l'Océan.

Aller et retour, calèche ; 20 fr.; breack : 30 fr.

SAINT-BASLEMONT

(12 kilomètres.)

Le château, d'une construction fort ancienne, est situé sur le versant du vaste plateau ainsi que l'église. Il fut assiégé par les Suédois en 1625. Une partie du château subsiste encore ainsi que deux grandes tours. Une terrasse spacieuse règne le long des fortifications.

Dans une forêt près de ce village, on voit les ruines d'un châtelet, appelé les *Tours Séchelles*, que l'on fait remonter à l'époque gallo-romaine, qui servit ensuite de demeure aux Templiers et fut détruit par les Suédois.

Aller et retour, Calèche : 30 fr.; Breack : 40 fr.

CHATEAU DE HOUÉCOURT

(11 kilomètres.)

Château très-ancien, possédé autrefois par le maréchal Philippe-Emmanuel de Lignéville, en dernier lieu par le duc de Choiseul et actuellement par le duc de Marmier. Ancienne église. Chapelle castrale au château dans le caveau de laquelle sont déposés les restes du maréchal de Lignéville, 1745; le cœur de la princesse de Craon et fille du marquis de Lignéville, 1775 ; et enfin M. le duc de Choiseul, bienfaiteur de la contrée.

Aller par Mandres. Retour par Bulgnéville. Calèche : 20 fr., Breack : 30 fr.

MATTAINCOURT

A 3 kilomètres de Mirecourt et 25 de Contrexéville, sur l'ancienne voie romaine de Langres à Strasbourg, se trouve le village de Mattaincourt, devenu célèbre par un fameux pèlerinage au tombeau du Bienheureux Père Fourier qui fut curé de ce village en 1597. Eglise neuve, remarquable par son architecture gothique.

Calèche, 30 francs. --- Breack, 40 francs.

DOMREMY-LA-PUCELLE

Ce village très-ancien, situé à 35 kilomètres de Contrexéville, est célèbre par la naissance de Jeanne d'Arc, en 1412. La maison qu'elle habitait est au nombre des monuments historiques. Une inscription, portant la date de 1481, atteste l'identité du lieu.

Calèche, 40 francs. --- Breack, 45 francs.

On peut encore visiter les forges de **La Hutte** et de **Droiteval** (22 kilomètres), les belles verreries et tailleries de **La Planchotte**, **La Rochère** et **Clairey** (28 kilomètres), qui sont situées dans des vallées très-pittoresques.

Calèche, 40 francs. --- Breack, 45 francs.

S'adresser au Bureau de l'Établissement pour la location des voitures pour la promenade.

SERVICE MÉDICAL

M. LE DOCTEUR

J.-M. CAILLAT

Médecin-Inspecteur

Chevalier de la Légion d'honneur,

Lauréat de l'Académie de médecine de Paris,

Médaille de première classe des épidémies et des Eaux minérales,

Ancien interne des hôpitaux de Paris,

A L'ÉTABLISSEMENT

HORS DE LA SAISON
A AIX,
(Bouches-du-Rhône).

M. LE DOCTEUR

LEGRAND DU SAULLE

Médecin-Consultant

A CONTREXÉVILLE

Médecin de l'hospice de Bicêtre

Lauréat de l'Académie de médecine,

Lauréat de l'Institut de France (Fondation Montyon)

Médecin-expert près les Tribunaux, à Paris,

Ancien interne et lauréat (Médaille d'or)

A L'ÉTABLISSEMENT

HORS DE LA SAISON
A PARIS
Boulevard Saint-Michel, 9.

M. LE DOCTEUR

A. LECLER

Médecin-Consultant

Chevalier de la Légion d'honneur,

Ex-médecin en chef
des hospices civils de Laon,

Ex-chirurgien aide-major, au 2e régiment de chasseurs d'Afrique.

CONTREXÉVILLE

RENSEIGNEMENTS GÉNÉRAUX

BUREAU TÉLÉGRAPHIQUE

Ouvert du 1er Juin au 30 Septembre, de 9 heures du matin à 7 heures du soir,

BUREAU DE LA POSTE AUX LETTRES

Ouvert de 7 heures du matin à 5 heures du soir. Trois courriers par jour, correspondance avec Paris en 13 heures.

DÉPART ET ARRIVÉE DES COURRIERS

ARRIVÉE :

1er Courrier. — Dépêches d'Epinal, Mirecourt, Vittel ; les lignes de Paris à Strasbourg. — 8 h. du matin.

2e Courrier. — Dépêches de Bar-le-Duc, Commercy, Chaumont, la ligne de Paris à Mulhouse, Neufchâteau et Bulgnéville. — 10 h. 45 m. du matin.

3e Courrier. — Dépêches de Darney, Vesoul, la ligne de Mulhouse à Paris. — 1 h. 45 m. du soir.

DÉPART :

1er Courrier. — Pour Epinal, Mirecourt, Vittel. — 11 h. du matin.

2e Courrier. — Neufchâteau, Toul, Commercy, Chaumont, Paris. — 1 h. 45 m. du soir.

3e Courrier. — Darney, Vesoul et la ligne de Mulhouse. — 10 h. 45 m. du matin.

FORMALITÉS A REMPLIR

PAR TOUTES LES PERSONNES

Qui désirent boire aux Sources de l'Établissement hydrominéral de

CONTREXÉVILLE

Nul malade ne peut être admis à boire aux Sources de l'Établissement hydrominéral de Contrexéville, si, au préalable, il ne s'est présenté au bureau de l'Établissement qui se trouve à l'entrée du pavillon de gauche, pour en faire la déclaration, donner toutes les indications qui lui seront demandées et verser la somme de 20 francs, pour droit d'usage des Eaux minérales pendant 21 jours.

Il lui est remis une carte personnelle dont il doit être porteur et qu'il doit représenter à toute réquisition de la préposée à la Source.

BAINS ET DOUCHES

De grandes améliorations ont été apportées par la nouvelle administration des Eaux minérales de Contrexéville dans l'installation des nombreux cabinets de bains et douches qui viennent d'être établis avec tout le soin que l'on peut rencontrer dans les meilleures Stations thermales.

Le service ne laissera rien à désirer sous aucun rapport.

Les cachets des Bains et Douches, ainsi que ceux de linge supplémentaires se délivrent au bureau de l'établissement pendant toute la durée des services des Bains et Douches.

Les services sont ouverts de 5 heures à 10 heures du matin et de 1 heure à 5 heures du soir.

La durée d'un Bain est de 1 heure 15 minutes.

Celle d'une Douche est de 15 minutes

Au-delà de ce temps les Bains et Douches seront payés double.

PRIX DES BAINS ET DOUCHES (Avec 1 Peignoir et 2 Serviettes)

BAINS

Bain minéral.	1 50
Bain de son.	2 » »
Bain de carbonate de soude.	2 » »
Bain aromatique.	2 50
Bain sulfureux.	2 50

Bain de vapeur.	3 » »
Bains de siége.	» 75

DOUCHES

Douche ascendante. . . .	» 75
Grande douche à percussion.	1 50

LINGE SUPPLÉMENTAIRE

Une serviette.	» 10
Peignoir de toile	» 15
Peignoir de laine.	» 25
Fond de bain.	» 20
Sandales.	» 15

Bains à domicile, 50 centimes en sus du prix ordinaire.

Transport d'un malade à l'Établissement, 1 franc. (Aller et retour.)

SALONS

DE

L'ÉTABLISSEMENT HYDROMINÉRAL
DE CONTREXÉVILLE

Les salons sont ouverts de 8 heures du matin jusqu'à 11 heures du soir.

Nul n'est admis aux salons s'il n'est abonné ou logé à l'Etablissement.

Les personnes abonnées ou logées à l'Etablissement trouveront au salon tous les principaux journaux de Paris, politiques, critiques, scientifiques et littéraires, journaux illustrés; sous aucun prétexte les journaux ne peuvent être mis à la disposition des abonnés hors des salons et être transportés dans les diverses chambres de l'Hôtel.

PRIX DE L'ABONNEMENT

Abonnement pour les personnes non logées à
l'Etablissement. , ...   10 fr,
Abonnement de famille . . . . . .   15 fr.

SALON DE MUSIQUE

Particulier, indépendant des salons ordinaires. — Abonnement pour toutes les personnes logées ou non à l'Etablissement, 10 fr.

TARIF DES JEUX

2 jeux de Piquet . . . .   1 fr. 50
2 jeux de Wisht . . . .   2 fr. » »
Dominos, la séance . . . .   » fr. 50
Trictrac   id.   . . . .   » fr. 50
Echecs   id.   . . . .   » fr. 50

SALLE DE BILLARD

L'heure : le jour, 1 fr.; à la lumière, 1 fr. 50.

Toutes les bouteilles d'Eau Minérale naturelle

DE CONTREXÉVILLE

DE LA

Source du Pavillon

Sont couvertes d'une capsule en étain portant
ces mots :

EAU MINÉRALE DE CONTREXÉVILLE, SOURCE DU PAVILLON

MODÈLE DE LA CAPSULE :

ÉTABLISSEMENT HYDROMINÉRAL

DE
CONTREXÉVILLE

SOURCE DU PAVILLON

Les étiquettes en papier blanc sont toutes revêtues de
la griffe de

M. E. MERMET

Directeur-Gérant de l'Établissement hydrominéral de Contrexéville.

Toute bouteille non revêtue des capsule et étiquette ci-dessus
ne proviendrait pas de la *Source du Pavillon.*

EAU DE CONTREXÉVILLE (VOSGES)
SOURCE du PAVILLON
Déclarée d'intérêt public par décret impérial du 4 août 1860

—

TARIF

du prix de l'eau en bouteilles et en caisses, ainsi que du transport par voie de fer depuis l'établissement hydrominéral de Contrexéville, jusqu'a la gare de destination.

———

TARIF DU PRIX DE L'EAU
livrée à l'Établissement

Caisse de 50 bouteilles... **30** (environ 100 kilos).
Caisse de 25 bouteilles... **15** (environ 50 kilos)

Il doit être ajouté au prix du transport 50 c. dont **10** cent. pour enregistrement et **20** c. pour timbre du récépissé formé par la gare d'expédition de la Ferté-Bourbonne ou de Charmes, et qui suit l'envoi pour servir de lettre de voiture, jusqu'au destinataire.

Les 20 c. de l'avis d'expédition au destinataire sont à la charge de celui-ci.

———

Adresser les demandes d'eau de la source du PAVILLON :
à M. MERMET, directeur de l'Établissement, à CONTREXÉVILLE (Vosges
ou bien
au dépot principal, rue de la *Michodière*, 23, à PARIS
siége de l'administration

———

OBSERVATION ESSENTIELLE. — Le tarif du transport de ces eaux n'est publié par la Société de CONTREXÉVILLE qu'à titre de simple renseignement. Dans le cas de différence en plus dans les taxes qu'il indique, c'est aux chemins de fer et non à la Société que le destinataire pourra réclamer justification de la régularité de la perception.

Expédition dans le monde entier

de l'Eau de la

SOURCE DU PAVILLON

Découverte en 1750 — Déclarée d'intérêt public en 1860

30 fr. la caisse de 50 bouteilles à Contrexéville

Prix de la caisse de 50 bouteilles dans les principales villes de France et de l'étranger

Amiens	36 85	Lille	37 75	Saint-Quentin	36 ..
Augers	39 30	Limoges	41 15	Toulouse	41 60
Bayonne	45 50	Le Mans	38 10	Tours	38 85
Bordeaux	42 35	Lyon	56 35	Strasbourg	34 35
Bourges	38 80	Marseille	39 58		
Brest	41 85	Montpellier	39 50	—	
Caen	38 35	Nancy	33 55		
Calais	38 35	Nantes	39 50	Francfort	36 55
Colmar	34 70	Orléans	37 30	Berlin	45 20
Dijon	34 75	Paris	35 25	Genève	38 45
Epernay	33 55	Périgueux	42 10	Turin	47 65
Evreux	36 75	Reims	34 95	Vienne	43 45
Le Havre	33 20	Rennes	39 60	Bruxelles	35 80
Laon	35 25	Rouen	37 10	Londres	42 30

Les expéditions se font contre remboursement, mais, pour éviter les frais de retour d'argent, on a la faculté d'envoyer, avec les demandes, un mandat sur la poste, et 40 centimes pour affranchissement de lettres d'avis d'expédition.

HOTELS
ET MAISONS MEUBLÉS
RECOMMANDÉS
A CONTREXÉVILLE

Hôtel de la *Providence*, tenu par ETIENNE.
— des *Apôtres*, tenu par BLAIZOT.
— *Parisot*, tenu par PARISOT.
— *Bachmann*, tenu par BACHMANN.
— des *Sources*, tenu par THOUVENEL.
— de l'*Anneau d'Or*, tenu par COLSON.
— du *Parc*, tenu par MARTIN-VILLEMAIN.

Maisons meublées. — MARTIN, AINÉ.
— — MARTIN-MANSUY.
— — ROUYER.
— — MAUCOTEL.
— — CONTAL.
— — MANNUSSIER.
— — GARION.
— — LASSAUCE.
— — PERRUT.

DÉPOTS PRINCIPAUX
DE LA SOCIÉTÉ DES
EAUX MINÉRALES
DE CONTREXÉVILLE

—

PARIS
au Siège de la Société, 23, rue de la Michodière.

—

Bar-le-Duc, chez M. BALA, pharmacien.

Bordeaux, chez M. PEYCHAUD, 8, cours de Tourny.

Chaumont, chez M. RICHARD, pharmacien.

Dijon, chez M. GAUTHERET-MORELLE, 4, rue Banelier.

Épinal, chez M. LALLEMENT, pharmacien.

Grenoble, chez M. BRETON, pharmacien.

Le Hâvre, chez MM. DRAPER et HAGENOW, 79, r. d'Orléans

Langres, chez M. REBILLY, pharmacien.

Lyon, chez MM. ANDRÉ, place des Célestins et CARTAZ, 38, quai de la Charité.

Marseille, chez M. DONADÉI, 9, rue Paradis.

Metz, chez MM. LALLEMANT et PONT, pharmaciens,

Mulhouse, chez M. MEISTERMANN, pharmacien.

Nancy, chez MM. MARTIN-BARBIER et MONAL, pharmac.

Nantes, chez M. HOUSSIER, 10. rue du Calvaire.

Nice, chez M. Ed. THAON.

Saint-Quentin, chez M. MUSSEUX, pharmacien.

Toulon, chez M. CAZAL, pharmacien.

Bruxelles, chez M. DELEVOY, 9, rue de la Paille.

Genève, chez M. H. MUGNIER, 5, rue de la Croix-d'or.

New-Yorck, chez M. F. CHAZOURNES et Cie.

On se rend de Paris à Contrexéville par le chemin de fer de l'Est.

LIGNE DE MULHOUSE

STATION DE LA FERTÉ-BOURBONNE

Omnibus à tous les trains

Trajet de Paris à Contrexéville en treize heures

PRIX DES PLACES :

1re classe, 45 francs 75 c.
2e classe, 34   55
3e classe, 26   20

On délivre à Paris, à la gare de Mulhouse, des billets de correspondance pour Contrexéville.

En écrivant 48 heures à l'avance au Directeur de l'Etablissement de Contrexéville, on peut trouver d'excellentes calèches à la gare de La Ferté-Bourbonne, moyennant la somme de 40 francs pour deux personnes, 50 francs pour trois personnes et 60 francs pour quatre personnes.

ITINÉRAIRE DE CONTREXÉVILLE

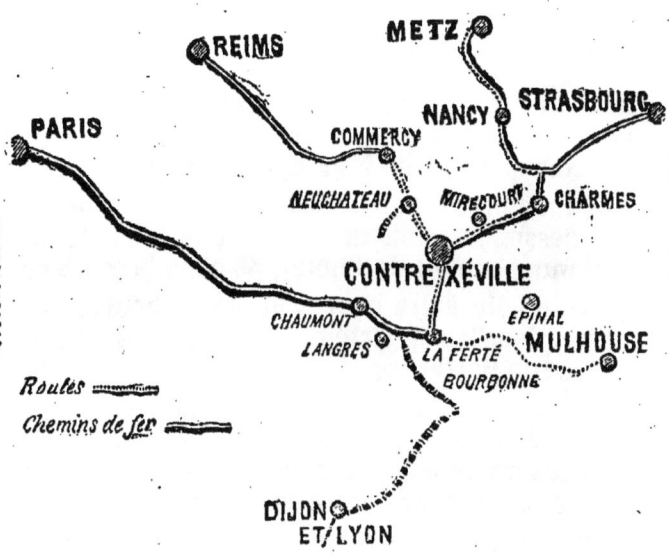

REIMS
METZ
PARIS
STRASBOURG
COMMERCY
NANCY
NEUCHATEAU
MIRECOURT
CHARMES
CONTREXÉVILLE
CHAUMONT
ÉPINAL
MULHOUSE
LANGRES
LA FERTÉ
BOURBONNE
DIJON ET LYON

Routes
Chemins de fer

MIRECOURT, HUMBERT imprimeur de l'Établissement hydrominéral de Contrexéville.

GRAND HOTEL

DE

L'ÉTABLISSEMENT

Ouvert du 15 Mai au 15 Septembre.

Six grands Bâtiments, situés entre deux magnifiques pa
renfermant salons de conversation, de jeux, de lecture, de bill
et de musique ; salles à manger de 200 couverts.

104 chambres de maître avec grands cabinets de toilette, de 2
et au-dessus ; grands et petits appartements avec salon, de 5
châlet indépendant de l'hôtel, 50 chambres de domestiques.

Table d'hôte à dix heures et à six heures ; déjeûners et dîne
la carte, dans les appartements ; Vins des premiers crûs de Be
gogne et de Bordeaux.

Boîte aux lettres ; bureau télégraphique et bureau des me
ceries ; cabinet de consultation des médecins ; tir au pisto
situé dans les dépendances de l'Hôtel de l'Etablissement. Maga
de toutes espèces. Ateliers de photographie.

Vastes remises et écuries. — Voitures pour les malades.

Ce vaste Hôtel, entièrement restauré, offre aux étrangers
confortable qu'ils ne trouvent généralement pas dans la plu
des villes d'eaux.

On peut retenir d'avance des appartements, en s'adressa
M. MERMET, directeur de l'Etablissement de Contrexéville.

www.ingramcontent.com/pod-product-compliance
Lightning Source LLC
Chambersburg PA
CBHW060524210326
41520CB00015B/4293